PLANETA ANIMAL

LA SURICATA

POR KATE RIGGS

CREATIVE EDUCATION • CREATIVE PAPERBACKS

Publicado por Creative Education
y Creative Paperbacks
P.O. Box 227, Mankato, Minnesota 56002
Creative Education y Creative Paperbacks son marcas editoriales de The Creative Company
www.thecreativecompany.us

Diseño de The Design Lab
Producción de Rachel Klimpel
Dirección de arte de Rita Marshall
Traducción de TRAVOD, www.travod.com

Fotografías de Alamy (JEAN-FR@NCOIS DUCASSE, petrographer), Corbis (Vincent Grafhorst/Minden Pictures), Dreamstime (Andre Klaassen, Zuberka), Getty (Steve Clancy Photography, Martin Harvey, Ioannis Tsotras), iStock (Farinosa, slowmotiongli, Snowshill), Shutterstock (Aaron Amat, anetapics, EcoPrint, Eric Isselee, Michael Maes)

Library of Congress Cataloging-in-Publication Data
Names: Riggs, Kate, author.
Title: La suricata / by Kate Riggs.
Other titles: Meerkats. Spanish
Description: Mankato : Creative Education and Creative Paperbacks, 2023. | Series: Planeta animal | Includes bibliographical references and index. | Audience: Ages 6-9 | Audience: Grades 2-3 | Summary: "Elementary-aged readers will discover how meerkats stay safe from predators. Full color images and clear explanations highlight the habitat, diet, and lifestyle of these fascinating African mammals."-- Provided by publisher.
Identifiers: LCCN 2022007468 (print) | LCCN 2022007469 (ebook) | ISBN 9781640266940 (library binding) | ISBN 9781682772508 (paperback) | ISBN 9781640008359 (pdf)
Subjects: LCSH: Meerkat--Juvenile literature.
Classification: LCC QL737.C235 R5418 2023 (print) | LCC QL737.C235 (ebook) | DDC 599.74/2--dc23/eng/20220309
LC record available at https://lccn.loc.gov/2022007468
LC ebook record available at https://lccn.loc.gov/2022007469

Tabla de contenido

La suricata pertenece a la misma familia que la mangosta.

Las suricatas son pequeños **mamíferos**. Se paran sobre sus patas traseras para vigilar que no haya peligro. Si algún águila o halcón sobrevuela, corren a esconderse en sus **madrigueras**.

madrigueras hoyos o túneles cavados en la tierra que se usan como casa

mamíferos animales que tienen pelo o pelaje y alimentan a sus bebés con leche

Los círculos oscuros alrededor de los ojos reflejan, o hacen rebotar, la luz solar brillante.

La suricata tiene un cuerpo largo y delgado. Comúnmente, tiene pelaje del color café y parches negros alrededor de los ojos. Las garras largas y afiladas de sus pies le ayudan a cavar madrigueras y a cazar su **presa**.

presa animal que otros animales matan y comen

La mayoría de las suricatas llegan a medir unas 12 pulgadas (30,5 cm). Sus colas son casi tan largas como sus cuerpos. Pesan aproximadamente lo mismo que una pelota de básquetbol.

Las rayas de la espalda son diferentes en cada suricata.

La suricata vive en zonas calurosas y secas del sur de África. Allí, la temperatura puede llegar a los 113 °F (45 °C), durante el día. Por la noche, la temperatura puede descender hasta los 40 °F (4.4 °C). Las madrigueras de las suricatas se mantienen frescas durante el día. Y son tibias durante la noche.

La suricata tiene orejas que pueden cerrarse para evitar que la arena entre.

Su buen sentido del olfato le ayuda a encontrar comida en cualquier lugar.

La suricata escarba en busca de **insectos** para comer. Sus favoritos son los saltamontes, los escarabajos y las **larvas**. También come lagartijas y **roedores**. ¡Incluso llega a probar los peligrosos escorpiones!

insectos animales pequeños con el cuerpo dividido en tres partes y que tienen seis patas

larvas la forma que adoptan algunos animales cuando nacen de los huevos, antes de tomar su forma adulta

roedores pequeños mamíferos con dientes grandes, por ejemplo, ratones y ratas

Las pequeñas suricatas no se alejan de la madriguera.

La madre da a luz de cuatro a seis **crías**. Cuando nacen, estas no pueden ver ni oír. Se quedan en la madriguera y se alimentan de la leche de su madre. Después de casi cuatro semanas, las crías salen al exterior. En la naturaleza, las suricatas viven unos 10 años.

crías suricatas bebés

Un macho y una hembra, llamados pareja alfa, dirigen a la turba.

Las suricatas viven en grupos familiares llamados turbas. En una turba viven hasta 40 suricatas. Cada turba vigila su propio **territorio**. Cuando dos turbas se encuentran, se pelean.

territorio un espacio que es el hogar de un animal o de un grupo de animales

Las suricatas pasan la mayor parte del día buscando comida. Una suricata funciona como centinela. El centinela vigila que no haya peligro. Les ladra o chirría a las demás. Las suricatas pasan tiempo limpiándose el pelaje mutuamente y jugando.

Buscan insectos en los árboles y otros sitios de anidación.

Algunas personas viajan a África para ver suricatas en la naturaleza. Otras, las ven en la TV o en zoológicos. ¡Es divertido observar a estos pequeños mamíferos peludos salir disparados!

A las suricatas les encanta estar en grupo y no en soledad.

Un cuento de la suricata

En África, la gente contaba una historia de por qué las suricatas siempre están vigilantes. Decían que la suricata nunca se fijaba por dónde iba. Los demás animales le aconsejaron tener más cuidado. Le advirtieron que no debía despertar a las piedras durmientes. Pero un día, ella chocó contra esas piedras. Las piedras le dijeron que, a partir de entonces, ella tendría que ser la centinela de todos los animales.

Índice